Der Krieg und die deutsche Kunst

von

Gustav Pauli

Vortrag gehalten am 20. November 1914
in der Reihe der „Deutschen Vorträge Hamburgischer Professoren“.

Hamburg
L. Friederichsen & Co.
(Dr. L. u. R. Friederichsen)
1915

Preis 50 Pfennig

Der Reinertrag ist für die Hamburgische Kriegshilfe bestimmt

Druck von J. J. Augustin in Glückstadt und Hamburg.

Wer sich heute unterfängt, von künstlerischen Fragen zu reden, der muß sich dessen wohl bewußt sein, daß ihm nur eine bescheidene Rolle zugemessen ist. Denn während alle unsere Gedanken und Hoffnungen den Fahnen folgen, die über unseren tapferen Heeren wehen, sind wir schwerlich geneigt, eine ideale Tätigkeit zu verfolgen, für deren Gedeihen Frieden und ungestörter Wohlstand vorauszusetzen sind. Gleichwohl würde das Bild der gegenwärtigen Weltlage, wie es sich in den Reden hamburgischer Gelehrter entrollt, unvollständig bleiben, wenn wir nicht auch der Kunst gedächten. Denn sie gewährt uns das getreue Spiegelbild der Sinnesart eines Volkes, und zwar vermöge ihres eigentlichen Berufes, ohne daß es hierfür besonderer Aufträge bedürfte. Man hat daher in der neueren Geschichtschreibung, die ihre höchste Aufgabe in der Schilderung der Kulturentwicklung erblickt, sich der Kunst bedient, um an ihrem Beispiele die Anschauungsweise der verschiedenen Zeiten deutlich zu machen. Da nun der gegenwärtige Krieg, wie wir es täglich erleben, die tiefste Wirkung auf unsere Volksseele ausübt, so können wir ohne weiteres dessen gewiß sein, daß er auch in der Entwickelung unserer Kunst seine Spur hinterlassen werde. Es war dieses ja auch bei den letzten großen Kriegen des deutschen Volkes der Fall, wenngleich wir uns der Art und des Umfanges solcher Wirkung noch kaum recht bewußt geworden sind. Darum sei an dieser Stelle andeutend nur so viel darüber gesagt, daß die Zeit der Freiheitskriege durch die Vertiefung des religiösen Gefühles mittelbar auch die Kunst befruchtet hat, während der Krieg gegen Frankreich, der zunächst wenig erfreuliche künstlerische Blüten trieb, seine tiefere Wirkung wohl erst gegen Ende des Jahrhunderts in einem neuen Sinn für Monumentalität offenbarte.

Zunächst freilich äußert sich der Krieg auch auf unserem Gebiete selbstverständlich nur als Zerstörer. Schon der Aderlaß an künstlerischer Kraft in einem Volksheere wie dem unseren bedeutet den schmerzlichsten Verlust, dessen wahrer Umfang nicht ermessen werden kann, weil es sich um die Jugend handelt, die das Maß ihrer Begabung noch kaum zu beweisen im Stande war. Ferner fallen jedem Kriege wertvolle Denkmale zum Opfer. Daß selbst Einsicht und guter Wille der Führer sowie die Manneszucht des besten Heeres dieses nicht zu verhindern vermögen, haben wir eben jetzt wieder gesehen; und es bedarf für uns keines Wortes der Rechtfertigung, wenn unsere Truppen ehrwürdige Kirchenbauten wie die Kathedrale von Reims nicht verschonten, da sie doch augenscheinlich vom Feinde für kriegerische Zwecke gemißbraucht wurden. Das heuchlerische und verleumderische Gezeter hierüber steht keinem Volke so übel an wie den Franzosen, die abgesehen davon, daß sie im vorliegenden Falle unmittelbar selber die Schuld tragen, ihre Gleichgültigkeit für das Schicksal ihrer historischen Kirchenbauten zum Überfluß durch ihre Gesetze bewiesen haben. Wer sind hier die Barbaren? Die Deutschen mit ihrer umfassenden Organisation staatlicher Denkmalpflege oder die Franzosen, die die Sorge für ihre alten Kirchen den Gemeinden übertragen haben mit der ausdrücklichen Ermächtigung, das Baufällige abzureißen, wenn es etwa denselben Gemeinden an den Kosten für seine Herstellung mangeln sollte? —

Zu den Zerstörungen des Krieges dürfen wir auch die Unterbrechung der geistigen Beziehungen zwischen den beteiligten Völkern rechnen, die um so gründlicher erfolgen muß, je tiefer die nationalen Leidenschaften erregt werden. Darum wird auch die trennende Wirkung dieses Krieges zweifellos größer sein als die der Freiheitskriege, die weniger dem Volke der Franzosen als seinem übermächtigen und übermütigen Herrscher galten, größer als die des deutsch-französischen Krieges, in dem wir nur ein Volk zu bekämpfen hatten. Nun können aber moderne Völker für ihr Kulturleben den freien Austausch geistiger Güter ebenso wenig entbehren wie den Handel mit materiellen Gütern für ihr Wirtschaftsleben. Darum sagt Jakob Burkhardt einmal in seinen weltgeschichtlichen Betrachtungen: . . . „im Reiche des Gedankens gehen alle Schlagbäume billig in die Höhe. Es ist des Höchsten nicht so viel über die Erde zerstreut, daß heute ein Volk sagen könnte: wir genügen uns vollständig.“ In der Anerkennung solcher Anschauung haben ja die allermeisten Staatsregierungen darauf verzichtet, den Grenzverkehr der Kunstwerke mit Zöllen zu beschweren.

Nicht indem er fremde Kultur vermied, sondern indem er sie sich zu eigen machte, hat der Deutsche vor hundert Jahren ein Weltreich des Geistes beherrscht, während Umfang und Geltung seiner Staatsgebilde eine Großmachtstellung kaum zu rechtfertigen vermochten. Ja, wir haben so wenig den geistigen Austausch mit anderen Völkern gescheut, daß man vielmehr sagen kann, die Geschichte der deutschen Kunst sei eine Geschichte ihrer Auseinandersetzung mit immer wieder neu einströmenden Geistesmächten gewesen. Zur Zeit der Karolinger war eine solche fremde Macht die römische Spätantike, im dreizehnten und vierzehnten Jahrhundert war es die französische Gotik, im sechzehnten und siebzehnten Jahrhundert die italienische Renaissance und in den folgenden Jahrhunderten waren es wieder im Rokoko und in der impressionistischen Malerei französische Werte. Wir dürfen dieses um so bereitwilliger gestehen, weil wir es wohl wissen, daß wir über solchem Aneignen nie völlig Art und Richtung unseres künstlerischen Ausdrucks verloren haben, die vielmehr als ein Teil des deutschen Volkscharakters erst mit diesem Charakter selbst zu Grunde gehen können. Eben deswegen bedeutet auch die Forderung, die wir neuerdings vernommen haben: wir sollten unsere deutsche Kultur auf das Heute gründen, keineswegs eine Anerkennung, sondern vielmehr eine Unterschätzung dieser Kultur, da es doch so klingt, als ob wir gar vieles preiszugeben hätten, während wir doch nur einige Flitter abzustreifen brauchen. Was so leicht auf ein Heute neu zu gründen wäre, das könnte nur von Gestern sein. Solche Forderungen mögen mit besserem Rechte an Kolonialstaaten jenseits des Weltmeers gerichtet werden. Wir aber sollten, eben weil wir ein adliges Volk von starkem Bewußtsein unserer Überlieferungen sind, dessen eingedenk bleiben, daß wir auf tausendjährigen Fundamenten weiterzubauen haben.

Eben unsere erbittertsten Feinde in diesem Kriege, Engländer und Franzosen, waren es, die unser Kunstleben im letzten Menschenalter vorzugsweise befruchtet haben. Dabei wurde die Rolle der Engländer durch ihre utilitarische Geistesrichtung bestimmt, indem sie uns nicht sowohl Eigenwerte englischer Kunst vermittelten als vielmehr Methoden der Kunstpflege und der praktischen Erziehung. Englische Malerei und Plastik haben uns niemals viel bedeutet; in der Architektur gaben sie uns einige Hinweise für die Einrichtung des Landhausbaus und des Gartens; dagegen verdanken wir ihnen allerdings die Anregung für bedeutsame Reformen der künstlerischen Volkserziehung, des kunstgewerblichen Unterrichts und der Museumseinrichtung. —

In höherem Sinne waren wir den Franzosen verpflichtet, weil es ihnen durch Umstände, die wir an dieser Stelle nicht abermals zu erörtern haben, vergönnt war, eine der maßgebenden Künste des neunzehnten Jahrhunderts, die Malerei des Staffeleibildes, am reinsten und konsequentesten zu entwickeln. Es ist daher begreiflich, daß gleich den anderen europäischen Völkern auch die Deutschen, zumal in der zweiten Hälfte des neunzehnten Jahrhunderts, ihre Maler zu Studienzwecken immer wieder nach Paris ziehen sahen. Allerdings haben auf diesem Wege etliche minder gefestigte Naturen sich an die Fremde verloren; nur darf man solche Mitläufer einer Bewegung nicht als deren typische Vertreter ansehen, da doch unsere maßgeblichen Meister von Feuerbach bis zu Liebermann nichts preisgegeben haben, sondern aus der Berührung mit französischem Wesen vielmehr als Bereicherer deutscher Kunst zu uns zurückgekehrt sind. — Wenn wir aber jetzt verleugnen wollten, was wir noch vor einem halben Jahre bekannt haben, wenn wir die englischen Bücher verbrennen, und die französischen Bilder von unseren Wänden reißen wollten, so würden wir nur unseren Feinden gleichen, die sich auf einmal vor deutscher Musik die Ohren verstopfen. Dann wären wir in der Tat, was ignorante Gegner uns schelten: Barbaren.

Während nun der Krieg weithin sichtbar künstlerische Werte vernichtet, wirkt er doch ins geheim daran mit, sie in anderem Sinne wieder aufzubauen. Dabei denken wir nicht an jene Aufgaben, die der Krieg unmittelbar stellt. Von der malerischen und plastischen Verherrlichung unserer Siege dürfen wir nach der Art wie über solche Aufträge für gewöhnlich entschieden wird, schwerlich eine Mehrung unseres künstlerischen Wertbesitzes erwarten. Auch meinen wir nicht die Dichtungen, in denen die begeisterte Erhebung des Volkes ebenso selbstverständlich ihren Ausdruck findet wie unser Haß in unserer Karikatur. Wohl freuen wir uns dessen, daß schon die ersten Monate dieses Krieges uns in den Liedern von Schröder und Dehmel und Hauptmann einige Gedichte beschert haben, die an Kraft wie an edler Form alles überragen, was der deutsch-französische Krieg gezeitigt hat. Indessen dies sind doch nur Abschlagszahlungen auf höheren Gewinn, den wir zu erwarten berechtigt sind. Dieses Höhere aber hängt unmittelbar mit der reinigenden und vertiefenden Wirkung des Krieges auf die Seele des deutschen Volkes zusammen. Daß dieses Wort kein leerer Schall ist, daß es vielmehr eine solche Volksseele in

Wahrheit gibt, das heißt eine Gemeinsamkeit des Denkens und Fühlens und Hoffens, das ist ja gerade das große Erlebnis, das diese Zeit jedem Einzelnen unter uns beschert. Das Glück, das uns hiermit zu Teil wird, ist groß genug, um alle Leiden, die über uns verhängt werden, wett zu machen. Wir fühlen es wohl, daß die Geister hoher Ahnen unter uns lebendig geworden sind; aber eben weil wir dieses fühlen, mag sich mancher erschüttert fragen, ob wir ihrer völlig wert seien — auch als Hüter ihres künstlerischen Vermächtnisses.

Was ist denn in unserer Kunst deutsch oder mit andern Worten: was ist das Gemeinsame in den verschiedenen Kundgebungen deutschen Formwillens? Denn auf den Willen als den wesentlichen Teil des Charakters kommt es an, auf die Absicht, die sich der Formen bedient, während diese Formen für sich betrachtet nicht nur variabel sind, sondern auch in verschiedenem Sinne gebraucht werden mögen. Beispielsweise können die historischen Stile heute als ein internationales Gemeingut der Europäer gelten. —

Man hat es bemerkt, daß unsere Frage allein schon für den Deutschen bezeichnend sei, da doch Franzosen und Engländer sich des Charakters ihrer Kunst so bewußt seien, daß sie nicht erst nach ihm zu fragen brauchten. Das mag sein; nur entspringt die Frage des Deutschen nicht etwa aus der Verlegenheit der Schwäche sondern aus der Verlegenheit des Reichtums; denn die Formen seines künstlerischen Ausdrucks sind so mannigfaltig und in einzelnen Fällen so kompliziert, daß er nicht nur den Ausländern sondern bisweilen auch sich selber rätselhaft wird. — Man hat es ferner bemerkt, daß unsere Fragestellung ohne wissenschaftlichen Wert sei. Nun ist es zwar nicht die Absicht dieser Stunden, wissenschaftliche Untersuchungen anzustellen, dennoch aber darf man sagen, daß unsere Fragestellung weit davon entfernt ist, unwissenschaftlich zu sein, da doch ihre Beantwortung vielmehr die Voraussetzung für den wissenschaftlichen Gebrauch des Begriffes deutscher Kunst erst abgibt. Selbstverständlich kann diese Beantwortung dem Deutschen, eben weil er ein Deutscher ist, nichts völlig neues sagen, sie kann ihn vielmehr nur erinnern oder ein unklar Bewußtes aufklären.

Zu diesem Behufe erscheint es als dienlich, daß wir dem Gesamtcharakter deutscher Kunst seinen Gegensatz in der nicht deutschen Kunst vorhalten, wobei wir dessen eingedenk sind, daß zwischen solchen Gegensätzen immer eine gewisse Beziehung — die des Widerspruches

— besteht. Eine derartige Gegensätzlichkeit zu dem deutschen Wesen finden wir nun allerdings im Bereiche europäischer Kunst und zwar bei den gräcoromanischen Völkern. Auch hier können wir durch den Wandel der Zeiten die Züge eines bleibenden Formwillens erkennen. Er offenbart sich zuerst und am reinsten in der hellenischen Kunst, dann wieder und wieder, durch zeitliche und nationale Bedingtheit neu geartet, in der römischen Antike, in Byzanz, in der italienischen Renaissance und in dem neueren Frankreich, seitdem es im sechzehnten Jahrhundert die Renaissance aufnahm. — Die Gegensätzlichkeit dieses Kunstcharakters zu dem unseren bekundet sich auch darin, daß immer wieder Formen des Ausgleichs zwischen ihnen versucht worden sind, an welchen Versuchen unsere größten Künstler beteiligt waren. Damit enthüllt sich uns auf einem rein geistigen Gebiete dasselbe Gesetz der Polarität, das vielfältig und geheimnisvoll die Welt des kosmischen und des organischen Lebens durchwaltet. Selbstverständlich kann es sich in dieser Stunde nicht darum handeln, diese beiden Grundabsichten europäischer Kunst durch ein Verfolgen ihrer Erscheinungsformen in der Geschichte ausführlich zu schildern, vielmehr wollen wir uns damit begnügen, für ihre Gegensätzlichkeit die knappste Formel aufzusuchen.

Das Bestreben der klassischen antiken Kunst und der auf sie zurückweisenden Volkskünste der Neueren ist das Aufstellen einer gesetzmäßigen Schönheit, der in ihrer Ordnung und Klarheit das Vermögen zu beruhigen und zu beglücken beiwohnt. Im Bunde mit der Phantasie steht der messende und rechnende Verstand. Die Grenzen der einzelnen Künste werden klar erkannt und betont, doch so, daß ihr Nebeneinander sich zu Gesamtbildern von dekorativer Wirkung harmonisch vereinigt. Der große Genius tritt hier als der Erfüller des Gesetzes auf, über dessen Wahrung der kritische Geschmack des ganzen Volkes wacht. So kommt es, daß der Verlauf der historischen Entwickelung sich hier als folgerichtig, klar und stetig darstellt. Die Umwandlungen haben nicht den Charakter von Revolutionen. Das gilt beispielsweise auch, einer verbreiteten Annahme zum Trotz, von der französischen Malerei des letzten Jahrhunderts. Die angeblichen Umstürzler waren im Grunde konservativ gesinnt, wenn sie auch nicht alle intelligent genug gewesen sein mögen, um dieses einzusehen. Als typisch erscheint der Ausspruch eines solchen Neuerers, Renoirs, der auf die Frage, wie er seine Stellung in der französischen Kunst einschätze, erwidert:

Ich will in Reih und Glied bleiben (je veux rester dans les rangs) — in Reih und Glied der großen Meister meines Volkes, deren Gesetz und Werk ich nicht verleugne, sondern fortführe — dürfen wir erläuternd hinzusetzen.

Demgegenüber können wir die Art deutscher Kunst zunächst nur negativ umschreiben. Deutsch ist es, der unbedingten Herrschaft eines Formgesetzes zu widerstreben. Der Genius des großen Künstlers erscheint unter uns nicht als der Erfüller eines Gesetzes sondern vielmehr als der Beherrscher einer eigenen Geisteswelt, der über dem Gesetze steht. Ja, es ereignet sich wohl, daß er sich geradezu in Widerspruch setzt mit dem Übereinkommen des Zeitgeschmacks. Deutsch ist es daher, wenn Schiller in einem seiner Epigramme ausruft:

> Warum will sich Geschmack und Genie so selten vereinen?
> Jener fürchtet die Kraft, dieses verachtet den Zaum.

Dies ist so wahr, daß die Bezeichnung eines Künstlers als besonders geschmackvoll ihn gleichzeitig in unseren Augen irgendwie verkleinert. Dagegen ist eine solche Antinomie zwischen Genialität und Geschmack dem gräcoromanischen Geiste vollkommen unverständlich, in dessen Sphäre der große Künstler sich eben darin betätigt, daß er höchste Muster des Geschmacks aufstellt. Die Widerspenstigkeit gegen die Vorherrschaft einer Norm, die schon Dürer in einer berühmten Bemerkung an seinen Landsleuten hervorgehoben hat, erwächst nun aber aus nichts anderem als aus dem Selbstgefühl der schöpfermächtigen Persönlichkeit, die alles aus sich vollbringen, alles sich selbst verdanken will und nur der eigenen inneren Stimme gehorcht. Hieraus fließt die eigentliche Fülle und Gewalt des Ausdrucks deutscher Kunst, deren Meisterwerke uns nicht so wie die des Südens erfreuen und beglücken, sondern erschüttern und hinreißen. Dieses Drängen nach erhöhter Ausdrucksfülle führt auch dahin, daß der Deutsche immer wieder die Grenzen zwischen den einzelnen Künsten mißachtet und verwischt. Die reine Form einer bildenden Kunst, wie sie der Süden wahrt, genügt ihm nicht, er vermählt sie mit Poesie, mit Musik oder mit religiösem Tiefsinn. Und so steigt vor seiner Seele der Traum eines Gesamtkunstwerks auf, in dem die einzelnen Künste nicht wohlgefällig nebeneinander ruhen, sondern sich zu den stärksten Wirkungen ineinander verschlingen. Naheliegende Beispiele dafür gewährt das letzte Jahrhundert, wobei nicht immer bedacht wurde, daß der Hamburger Meister Philipp Otto Runge vorangegangen ist. Die wahren Muster auf dem Gebiete bildender Kunst liegen indessen viel weiter zurück, in jener letzten höchsten Entfaltung des gotischen Stils im fünfzehnten Jahrhundert, die man geradezu als die deutsche Sondergotik bezeichnet hat. Man würde diesen Begriff zu eng fassen, wenn man ihn lediglich auf die Raumprobleme der Architektur beschränkte; vielmehr wollen auch die Zeichnungen und Gemälde des jungen Dürer, Cranachs und Grünewalds bedacht sein und die phantastischen Schnitzwerke der spätgotischen Altäre, um nur auf das Höchste zu deuten. Ja, der Maler Grünewald hat wohl das letzte Wort dieser insonderheit deutschen Kunst gesprochen. Hier werden wir es gewahr, wie ihre Ausdrucksfülle schließlich überschwenglich wird, gleichzeitig mystisch und ekstatisch. Und damit haben wir in der Gegensätzlichkeit der Grundabsichten europäischer Kunst den einen Pol erreicht, dem zur selben Zeit als der reinste Repräsentant südlichen Kunstwollens Raffael entgegenstand. — — — —

Wenn nun seither nie wieder der deutsche Genius in solcher Reinheit sich bildnerisch ausgedrückt hat, so liegt dieses eben daran, daß gleich darauf die klassische Formenwelt der Renaissance auf uns zu wirken begann. Einer der ersten, die hiervon betroffen wurden, war Dürer; und immer wieder haben unsere Künstler seither versucht, die südliche Formensprache dem nördlichen Formwillen dienstbar zu machen. Die Renaissance erlernten sie auf den Schulen, aber die Gotik schlummerte ihnen im Geblüt; und, wenn sie einmal ihrem Instinkte folgend sich völlig äußerten, wie es in gewissen Bauten des sogenannten deutschen Barock und des deutschen Rokoko vorkam, dann war es so als antworteten darauf die Glocken unserer alten Dome.

Da nun die Wahrheit für gewöhnlich — wenn auch nicht immer — alt ist, so sind wir keineswegs der Meinung, mit unserer Gegenüberstellung deutscher und südeuropäischer Kunstabsicht etwas Neues gesagt zu haben — höchstens etwas, das manchmal vergessen wurde. So oft die Deutschen darauf geführt wurden, dem Rassencharakter ihrer Kunst nachzusinnen, gerieten sie auf diesen einen Gegensatz. So sei denn statt mehrerer nur ein Zeuge für unsere Anschauung aufgerufen, der uns eben jetzt in seiner hohen Gesinnung und in seiner stolzen Bewußtheit von deutscher Art besonders nahe steht — Fichte. Zwar scheint er sich mit unserem Stoffgebiete wenig beschäftigt zu haben, entnahm seine Vorstellungen vielmehr seinem Forschungsbereich der Philosophie, da er aber als Darsteller selber Künstler war, so mögen wir ihn mit dem besten Rechte hören, wenn er in seiner fünften Rede an die deutsche Nation folgendes sagt: — „Der ausländische Genius wird sein ein lieblicher Sylphe, der mit leichtem Fluge über den, seinem Boden von selbst entkeimten Blumen hinschwebt und sich niederläßt auf dieselben ohne sie zu beugen . . .; oder eine Biene, die aus denselben Blumen mit geschäftiger Kunst den Honig sammelt und ihn in regelmäßig gebauten Zellen zierlich geordnet niederlegt; der deutsche Geist ein Adler, der mit Gewalt seinen gewichtigen Leib emporreißt und mit starkem und vielgeübtem Flügel viel Luft unter sich bringt, um sich näher zu heben der Sonne, deren Anschauung ihn entzückt."

Bemerkt man es nicht, wie in dem Gemälde dieser Worte die gleichen Vorstellungen verwendet sind, deren auch wir uns bedient haben, obwohl wir sie keineswegs Fichte verdanken? — Der Genius der gräco-romanischen Kunst lieblich — auf holdesten Gebilden geschäftig ihnen ihren Gehalt zu entnehmen, ohne sie zu beugen — sein Werk geordnet, regelmäßig gebaut; der deutsche Geist dagegen gewichtig — gewaltig beflügelt um sich einem unerreichbaren Höchsten entzückt zu nähern. — Dies Adlerrauschen seiner Flügel, das wir wieder in dieser Kriegszeit vernehmen, führt auch die deutsche Kunst notwendig höheren Aufgaben entgegen.

Damit richten sich unsere Blicke in die Zukunft. Allerdings sind wir, der Sehergabe ermangelnd, nicht im Stande das Kunstgebilde, wie es sich dereinst darstellen mag, zu beschreiben, so wenig wie unser Lichtwark sich vermaß, uns den zukünftigen Deutschen abzuzeichnen. Wohl aber vermögen wir gleich ihm die Richtung anzugeben, in der sich unsere Kunst weiter entwickeln werde; denn um dieses zu erkennen brauchen wir nur den gegenwärtigen Zustand zu betrachten, in dem das Vorhaben der nächsten Zeit wie in einer Knospe beschlossen ruht. Dabei liegt es nahe, sich zunächst der Malerei zuzuwenden, und zwar deswegen, weil ihr die Führerrolle unter den Arten bildender Kunst im letzten Jahrhundert zugefallen war — so sehr, daß wenn immer schlechthin von Kunst geredet wurde, für gewöhnlich die Malerei gemeint war. Auf ihrem Gebiete wurden die künstlerischen Entscheidungsschlachten geschlagen, ihr wendeten sich die besten Kräfte zu, ihrem Blühen verdanken wir Meisterwerke, die den Vergleich mit hohen Mustern der früheren Jahrhunderte nicht zu scheuen brauchen, während die Schwesterkünste der Bildnerei und Baukunst verkümmerten. Das gilt ganz besonders von der letzteren. Es sagt genug, daß die Architektur des letzten Jahrhunderts es nicht vermocht hat, für eine einzige der vielen Aufgaben, die ihr aus der völligen Erneuerung des politischen, wissenschaftlichen und industriellen Lebens zuflossen, eine eigene und maßgebliche Lösung zu finden. Das Wissen um die Vergangenheit schien den Mut zu neuem Schaffen gelähmt zu haben, und während jede ältere Zeit mit einer selbstverständlichen Sicherheit den neuen architektonischen Aufgaben in einer ihr eigentümlichen Form gerecht wurde, schwankte die Baukunst des neunzehnten Jahrhunderts in eklektischer Schwäche von einem Vorbild zum andern und ward nicht müde, den Most neuer Forderungen in die alten Schläuche historischer Muster zu gießen. Nun sind wir es aber im Laufe der letzten beiden Jahrzehnte immer deutlicher gewahr geworden, wie das Verhältnis von Malerei und Baukunst zu einander sich verschoben hat.

In den Werken der letzten Impressionisten hat eine ruhmwürdige Entwickelungsphase ihr Ende erreicht. Auf diesem Wege einer individualistischen Deutung und Nachschöpfung der Naturerscheinung taten sich neue Ziele nicht mehr auf. Vielmehr ergab sich das weitere aus einer Richtungsänderung, indem die Errungenschaften impressionistischer Malerei in den Dienst dekorativer Absichten gestellt wurden. Hierbei wird das Wort dekorativ im größesten und bedeutendsten Sinne verstanden; es soll hier nicht das Vermögen zu verzieren bezeichnen, sondern alle Arten raumschmückender Gestaltung von primitiven Gebilden bis zu monumentaler Form. Daß diese Wendung einem allgemein empfundenen Bedürfnis der Zeit entsprach, ergibt sich unzweideutig daraus, daß sie spontan in verschiedenen Kulturländern vollzogen wurde. Ferner aber ist es höchst bemerkenswert, daß hierbei den Germanen eine führende Rolle zufällt. Die ersten Übergangserscheinungen vom Impressionismus her beobachteten wir allerdings in Frankreich. Eine solche zeigte sich im sogenannten Neoimpressionismus. Nur blieb sein doktrinäres Zerlegen der gemischten Farbtöne in Flecken der reinen Grundfarben eine unfruchtbare Halbheit, da es die schönsten Eigenschaften des malerischen Vortrags opferte ohne doch die Geschlossenheit einer im höheren Sinne dekorativen Bildgestaltung zu gewinnen. Fruchtbarer erwiesen sich auf verschiedene Art Cézanne und van Gogh. Von diesen Beiden, die den stärksten Einfluß auf das jüngere Geschlecht ausübten, war bezeichnenderweise der Franzose Cézanne der innerlich Konservative, der Niederländer van Gogh der kühne Neuerer. Ohne ein Bewußtsein umstürzender Wirkung, vielmehr in der Meinung eine große Tradition fortzusetzen unterfing sich Cézanne, der impressionistisch gelockerten Form des Bildes die Festigkeit und Klarheit der Komposition zurückzugeben. Neu war es nur, daß er dabei vielmehr von der Farbe als von der Linie ausging. Er baute mit Farben. Immerhin blieb auch er in Reih und Glied. — Anders van Gogh! Wie hat man ihn nur so mißverstehen können, daß man ihn, weil er in Frankreich gemalt hat, zu den Franzosen zählte, während er doch an Geblüt und Gesinnung als typischer Germane dasteht! Alles, was wir als bezeichnend für den Genius unserer Rasse angesprochen haben, wohnte in seiner Seele: Die Selbstherrlichkeit, die den Zaum verachtet, die Macht des Ausdrucks, die Überschwenglichkeit und die mystisch-schwärmerische Naturliebe. Den echten Franzosen mußte er als ungehobelter Barbar erscheinen; wir aber erkennen in seinem flammenden Enthusiasmus unseren alten deutschen Kunstgeist, der sich mit mächtigem Flügel zur Sonne heben will, die ihn entzückt. Wohl hat van Gogh sich gleich Cézanne der Staffeleimalerei bedient, die schon aus äußeren Gründen für ihn gegeben war. Doch wird bei ihm das Bestreben, sie in den Dienst dekorativer Wirkung zu stellen, weit mehr bewußt. Wie eine Mission empfindet er die Aufgabe, bestimmte Räume — ach, welche Räume! — malerisch zu verschönen, um damit Menschen zu beglücken.

Und diesem Ziele wenden sich nun im Norden wie im Süden germanischer Länder die verschiedensten Begabungen zu. Es seien nur einige als Beispiele genannt. In Norwegen tritt Munch auf, der mit der Geberde eines kühnen Improvisators ein letztes Wort des Impressionismus spricht, während er zugleich in stark betonter Linienführung und in leuchtender Farbe die dekorative Bestimmung des Bildes hervorhebt. In den Niederlanden finden wir Jan Toorop und aus dem jüngeren Geschlecht den großartig gesinnten Glasmaler Thorn Prikker. In Deutschland dagegen sehen wir die neue Bewegung schon zu einer Zeit vorbereitet, da sich im übrigen Europa der Impressionismus erst anschickte, die Vorherrschaft anzutreten. Und zwar erkennen wir ihre Ahnen in Böcklin und Marées.

So lange wie man Böcklin als einen Fabeldichter oder als einen Musikanten in der Malerei, je nach dem Standpunkt des Urteilenden, preist oder verdammt, wird man ihm nicht gerecht, da man sich an die Nebenabsichten seiner Kunst hält, die deren Bedeutung eher verdunkeln als erklären. Er selbst aber hat in wiederholten unzweideutigen Aussprüchen keinen Zweifel darüber gelassen, wohin er eigentlich hinaus wollte — auf eine dekorativ wirksame Bildgestaltung. Was nun bei ihm sich verworren und mißverständlich kundgibt, wurde gleichzeitig in vollkommener Klarheit von Marées erkannt und vertreten — so folgerichtig und streng bescheiden, daß man eben hierin den Einschlag einer fremden Rasse zu erkennen glaubt. Zu seinen Lebzeiten, da die Kunst ganz andere Absichten hegte, blieb Marées ohne vernehmlichen Widerhall, heute aber wissen wir es um so besser, was wir an ihm besitzen, und daß sein reines Formgefühl die beste Grundlage für die neue Wendung unserer Kunst abgegeben hat. Ungemein bezeichnend ist es, daß seine Einwirkung nicht so sehr die Malerei betraf als vielmehr die Bildhauerei und mittelbar die Architektur; denn wir mögen es hierin erkennen, wie das Neue und Lebenskräftige in seiner Kunst ein Element architektonischen Gefühls war.

Und nun wird es immer deutlicher, wie die Malerei ihre Führerrolle einbüßt. Es folgen die Versuche, durch ein äußerliches Schematisieren und Stilisieren des Naturmotivs das Gemälde einem architektonisch dekorativen Ganzen einzugliedern, ein voreiliges und bald wieder aufgegebenes Unterfangen, das nur als symptomatische Erscheinung gewürdigt zu werden verdient. Von ganz anderem Gewichte ist der um dieselbe Zeit, in den neunziger Jahren des letzten Jahrhunderts, erfolgende Übergang von Malern zu den Nachbargebieten des Kunstgewerbes und der Architektur. Nichts konnte es sinnfälliger erweisen, daß in der Malerei ein Überschuß künstlerischer Kräfte keine lebendig empfundenen Aufgaben mehr vor sich sah, die sich vielmehr in der Architektur darboten. Die Malerei gewährt in ihrer seitherigen neuesten Entwickelung das Bild einer völligen Zerrissenheit. Wohl beschert ihr die allezeit verschwenderische Natur Talente genug, nur vermögen dieselben sich nicht um ein großes Ziel zu versammeln. Ein Programm um das andere wird aufgestellt, wobei die Anhänger der verschiedenen Richtungen sich offen oder versteckt gegenseitig verkleinern. Das Äußerste und geradezu Absurde wird dadurch erreicht, daß Einige die Beziehung zur Natur grundsätzlich aufgeben. Damit ist man auf einen Punkt gelangt, der in der Poesie durch den Verzicht auf Worte zu bezeichnen wäre. Denn so wenig die Dichtkunst der Sprachgebilde als Vermittler von Begriffen entbehren kann, so wenig die Malerei der Naturmotive als den Vermittler anschaulicher Vorstellungen. — Wenn nun auch jede bedeutendere Persönlichkeit und jede Richtung der neuesten Malerei ihre literarischen Vorkämpfer gefunden hat, so bleibt doch die Tatsache unleugbar, daß ihre Bestrebungen im ganzen genommen die lebendige und nicht zu entbehrende Beziehung zu der Gesamtheit der kultivierten Bevölkerung eingebüßt haben. Sie werden in steigendem Maße zu esoterischen Angelegenheiten eng umschriebener Zirkel. Sofern man in ihnen *eine* Tendenz erkennen kann, läßt sich diese als ein dunkles Drängen nach einem neuen Zusammenschluß aller bildenden Künste bezeichnen.

Was somit die Malerei verloren hat, gewinnt zusehends die Baukunst. Sie, von der man lange Zeit nur sprach, um sie zu bemitleiden, da sie zu einer aus Technik und Stilnachahmung gemischten Routine herabgesunken zu sein schien, empfängt auf einmal frische Lebenskraft aus dem Zustrom schöpferischer Gedanken und aus der Teilnahme der ganzen Bevölkerung. Eben jenen Überläufern von der Malerei hatte sie wertvolle Impulse zu verdanken, wie denn in manchen Fällen sich das Schauspiel wiederholt hat, daß einer abgelebten Kunstfertigkeit von außen her durch Dilettanten neue Ideen zugeführt wurden. Und die allgemeine Anteilnahme, aus der jede Kunst ihren schönsten Lohn empfängt, bekundet sich unzweideutig in der Lebhaftigkeit, mit der die lange vergessenen Fragen des Städtebaus und der Lösung zeitgemäßer baulicher Probleme erörtert werden, so daß eine ganze Literatur von Büchern und Zeitschriften solchen Inhalts auf ein breites Publikum rechnen darf. Wie lange ist es her, daß ein Architekt so im besten Sinne volkstümlich geworden ist, wie Alfred Messel mit seinem Berliner Warenhaus! Wer hätte es noch vor einem Menschenalter für möglich gehalten, daß Kontorhäuser, Bahnhöfe, Fabrikanlagen und Arbeitersiedelungen als lebendige Kunsterzeugnisse empfunden werden würden! Daß die schöpferischen Kräfte, die solches geleistet haben, Deutsche waren oder unsere nächsten Stammesverwandten, das erfüllt uns mit den besten Hoffnungen für den zukünftigen Beruf der deutschen Kunst.

Hier handelt es sich nicht allein um ästhetische Fragen, vielmehr um die letzten und höchsten Formen unserer Geltung in der Welt. Wer da meint, daß unsere Heere nur um vermehrten äußeren Machtbesitz kämpften, der kennt die Deutschen nicht. Es steht vielmehr zur Entscheidung, ob wir die idealen Kräfte des deutschen Geistes gegen einen banausischen Geschäftsgeist und gegen brutalen Expansionsdrang zu behaupten vermögen. Die Entscheidung ist somit von einem ganz allgemeinen kulturellen Werte, der das Maß der umstrittenen wirtschaftlichen Werte übersteigt. Wenn der reine und starke Wille unseres Volkes den Sieg auf unsere Seite zwingt, dann werden wir das Höchste noch zu vollbringen haben, indem wir der europäischen Kultur das Gepräge unseres Geistes verleihen. Und eben hier vermag ein Blick auf die jüngste Vergangenheit unserer Kunst unsere Zuversicht zu stärken.

Wir sagten es bereits, daß die Kunst eines Volkes dessen Sinnesart und Vorhaben spiegele, daß ferner die Zeichen der Zeit auf eine führende Rolle der Baukunst deuten und daß auf diesem Wege die Deutschen und nicht etwa die Franzosen — von den andern Europäern zu geschweigen — vorangingen.

Es bleibt übrig, daran zu erinnern, daß eine Blüte der Baukunst immer der sinnfällige Ausdruck eines starken Gemeinsamkeitsbewußtseins ist. Selbst die kräftigste Schöpferpersönlichkeit kann sich hier, durch Tradition, gegebenen Platz und Zweck vielfach gebunden, nie so völlig frei äußern wie etwa in der Malerei des Staffeleibildes. Nun war es eine individualistische Kultur, welche die Blüte der Malerei des letzten Jahrhunderts hervortrieb, während das Gemeinsamkeitsbewußtsein einer neuen Zeit, das eine neue Baukunst tragen muß, durch die Erhebung der Deutschen in diesem großen Kriege die allerstärkste Bekräftigung erfährt. Ein neuer Stil germanischen Geistes — etwas, das nicht gemacht werden kann, sondern erwachsen muß — das ist die große Hoffnung, die wir in dem Siege unserer Waffen für unsere Kunst hegen.

MIX
Papier | Fördert gute Waldnutzung
FSC® C083411

Zeitfracht Medien GmbH
Ferdinand-Jühlke-Straße 7
99095 Erfurt, Deutschland
produktsicherheit@kolibri360.de